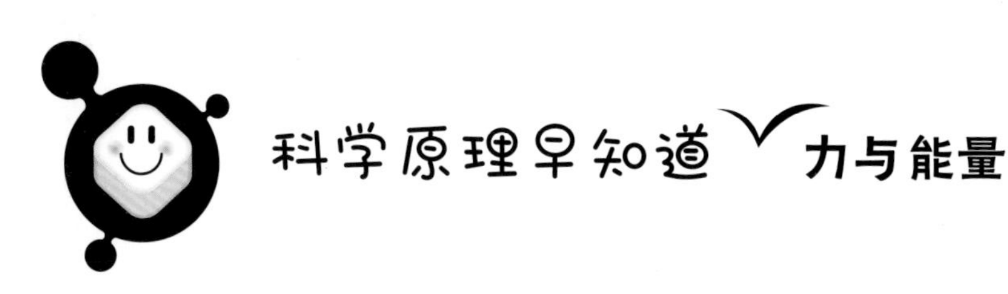

嗖！太快了

[韩] 李美京　文
[韩] 金贤静　绘
高绿路　译

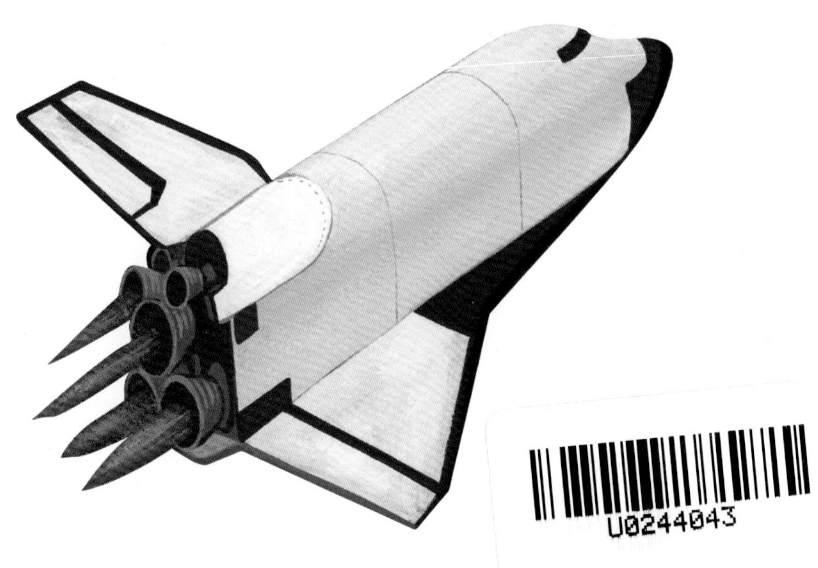

化学工业出版社
·北京·

轰隆隆轰隆隆……小贤一家开着车去公园玩。

但奇怪的是，旁边一起并排行驶的车看上去就像静止了一样。

嗖——对面行驶过来的车快速地从小贤家的车旁边经过。

“爸爸，那辆车开得好快呀！”

“哈哈哈，我们家的车、旁边的车，还有对面开过去的车开得差不多快。只是看上去速度不一样而已。”

“速度是什么？”

小贤觉得速度很奇怪。

参照物不同，物体的运动状态看起来也是不同的。

“速度指的是物体运动的快慢。
但是参照物不同，速度就会有所不同。”

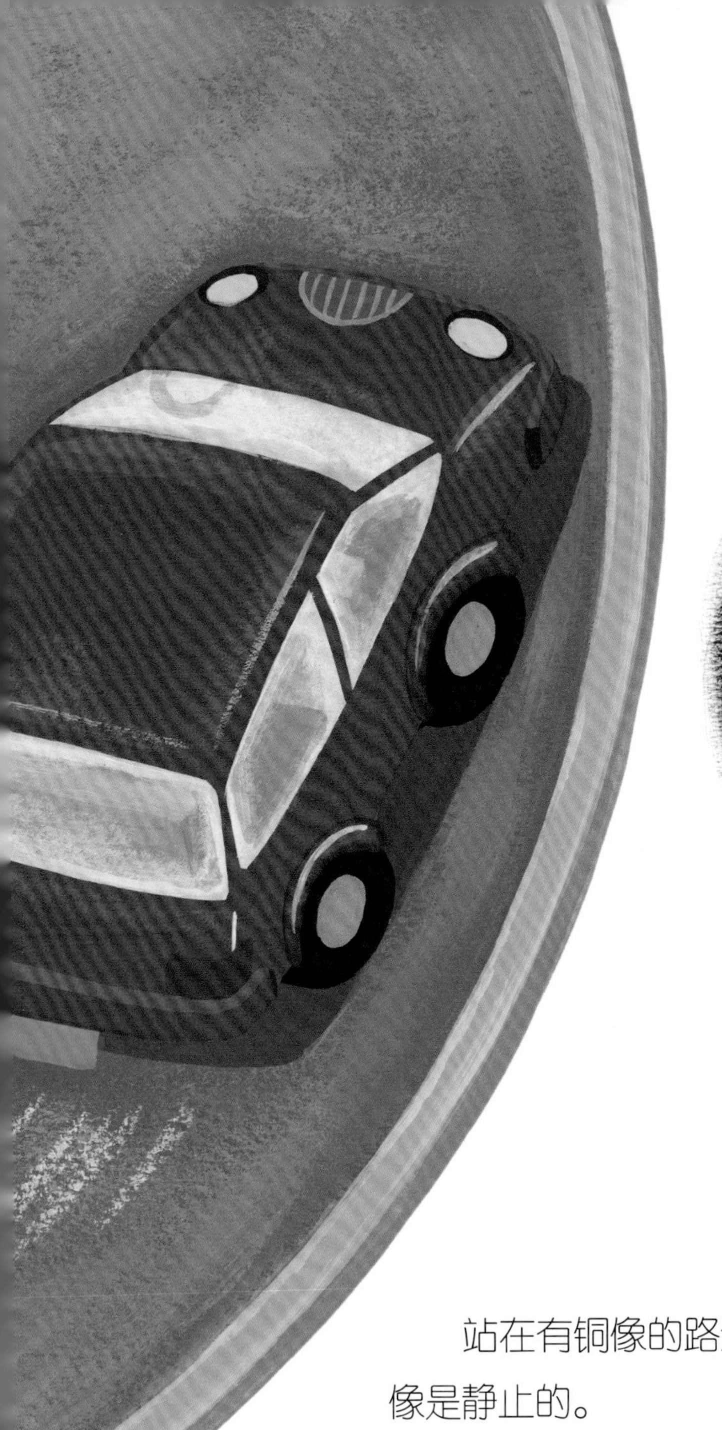

飞速行驶的汽车以地面为参照物的时候，汽车的位置随着时间变化而变化，说明汽车在移动。

矗立在地面上的铜像以地面为参照物的时候，就算时间变化，它的位置也不会发生变化。可以说，铜像相对于地面来说是静止的。

站在有铜像的路边观察经过的汽车，汽车是移动的，铜像是静止的。

但是在地球外面观察这条路的话，就会有所不同。

因为地球也在转动，所以汽车和铜像看起来都在移动。

“物体的速度也是这样，以同样的速度行驶，并排行驶的汽车看起来就像静止了一样，从对面行驶过来的汽车速度看上去却有实际速度的 2 倍那么快。所以速度需要在相同的情况下进行比较才行。”

小贤的爸爸把关于速度的知识逐一讲给小贤。

怎样才能制造出相同的情况来比较速度大小呢？

移动的距离相等时，只需比较所用的时间长短就可以了。

小明和小李在跑 100 米。

小明用了 15 秒，小李用了 18 秒。

那么谁更快呢？

两人跑了同样的距离，所以用时短的小明跑得更快。

距离相等的情况下，用时更短的速度更快。

在相同的时间内，可以比较移动的距离。

小恩和妈妈在 1 分钟内比赛走路。

小恩走了 130 米，妈妈走了 150 米。

那么谁的速度更快呢？

在相同的时间内，妈妈走得更远，所以速度更快。

在相同的时间内，移动得更远的速度更快。

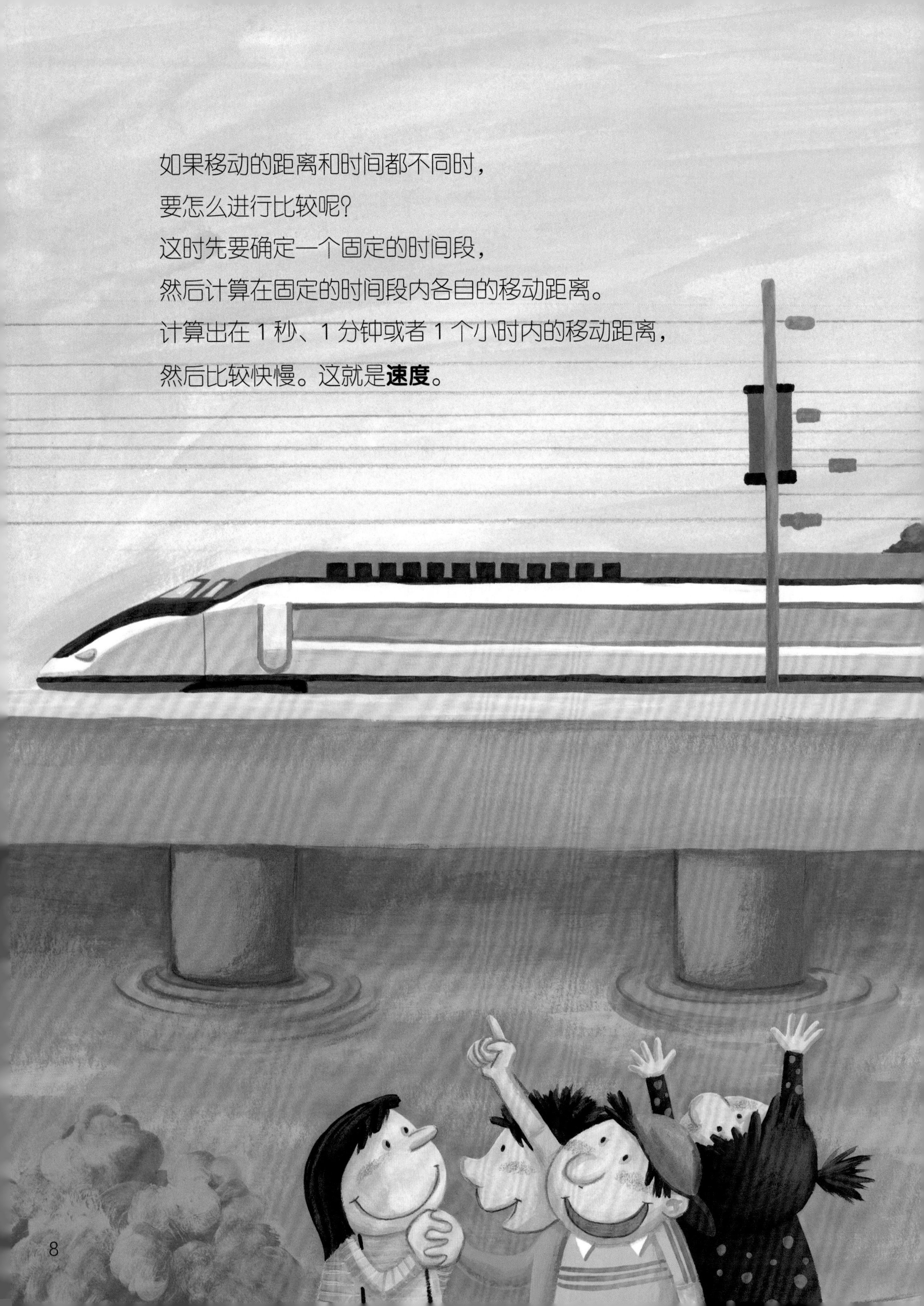

如果移动的距离和时间都不同时，
要怎么进行比较呢？
这时先要确定一个固定的时间段，
然后计算在固定的时间段内各自的移动距离。
计算出在 1 秒、1 分钟或者 1 个小时内的移动距离，
然后比较快慢。这就是**速度**。

速度的大小可以用时速来表示。
1 小时内移动的距离就叫做时速。

速度是用移动的距离除以所用的时间来计算的。
例如，在 1 小时内汽车走了 110 千米，那么汽车的时速就是 110 千米。
时速 110 千米指的是在 1 小时内走了 110 千米。

在一定的时间内速度比较起来比较简单。在 1 小时内所移动的距离就叫做时速。

生活在陆地上的动物谁跑得最快呢?

答案是猎豹。

和金钱豹类似，猎豹是脸上有泪痕纹路的动物。

它身姿矫捷，并且腿也很长。

猎豹可以以时速 110 千米的速度奔跑。

3 秒就可以跑 100 米，速度非常快。

但是以这么快的速度奔跑超不过 10 分钟。

所以被猎豹追赶的动物只要坚持快速奔跑 10 分钟以上，就能够逃脱。

猎豹能够跑得这么快，是因为它矫捷的身姿和可以像弹簧一样伸缩的脊椎。

陆地上生活的动物当中猎豹跑得最快，时速可达 110 千米。

正确地计算速度

2005 年 7 月 4 日是历史性的一天。

宇宙勘探船发射的探测器实现了与彗星的碰撞。

美国宇航局（NASA）使用宇宙勘探船“深度撞击号”成功完成了和彗星的碰撞实验。

“深度撞击号”向 6 个月当中飞行了 4 亿 3100 万千米的“坦普尔 1 号”彗星发射了碰撞探测器。

探测器准确地和 24 小时内时速为 3 万 7000 千米的“坦普尔 1 号”彗星相撞。

“坦普尔 1 号”彗星

就算速度相同，感觉上也会有所不同！

车上坐着一个人。这辆车以时速 80 千米的速度行驶着。
根据观察者所处的位置不同，对这辆车的速度感觉是不一样的。

如果是站在路边的人来观察，
汽车是以时速 80 千米的速度在行驶。

如果是骑自行车的人来观察，
汽车的速度好像比时速 80 千米要慢一点。

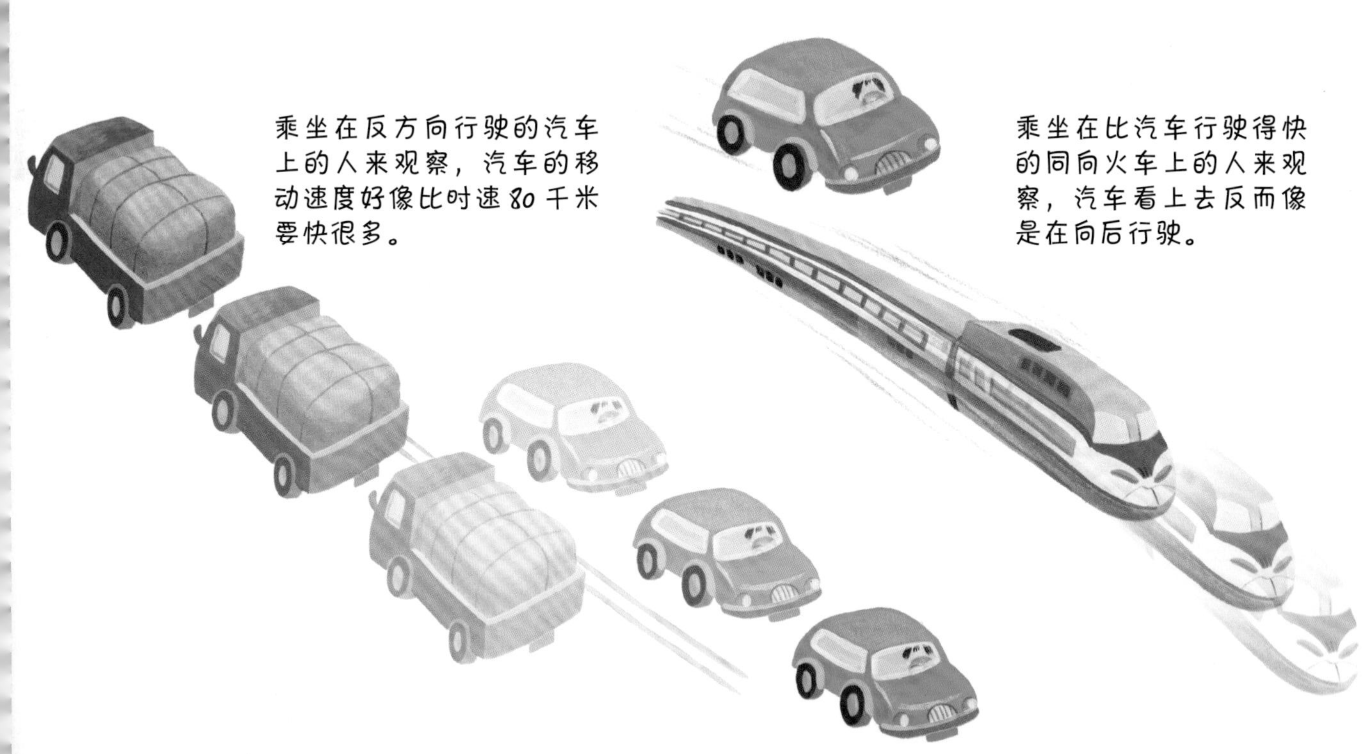

乘坐在反方向行驶的汽车上的人来观察，汽车的移动速度好像比时速 80 千米要快很多。

乘坐在比汽车行驶得快的同向火车上的人来观察，汽车看上去反而像是在向后行驶。

鸟类当中飞得最快的是军舰鸟。

军舰鸟以在空中抢夺其他生活在大海上的水鸟的食物而闻名。

它的腿很短，嘴部细而长，并且端部向下弯曲成钩状，

所以很适合在水面上抓鱼。

军舰鸟一般身长1米左右，
翅膀长度为50厘米左右。

军舰鸟为了寻找食物，冲向大海的速度超过了时速 400 千米。

但是军舰鸟不能在一小时内持续以这个速度飞翔。

这个速度是军舰鸟飞得最快时的速度。

这叫做最高瞬时速度。

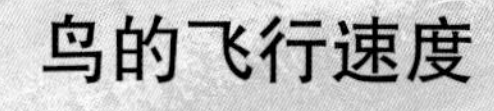

在鸟类当中，军舰鸟飞得最快，捕猎的时候冲下来的时速高达400千米。

物体的运动状态

把物体运动的状态每秒拍摄一张照片。

物体之间的距离越近，说明运动的速度就越慢。

物体之间的距离越远，说明运动的速度就越快。

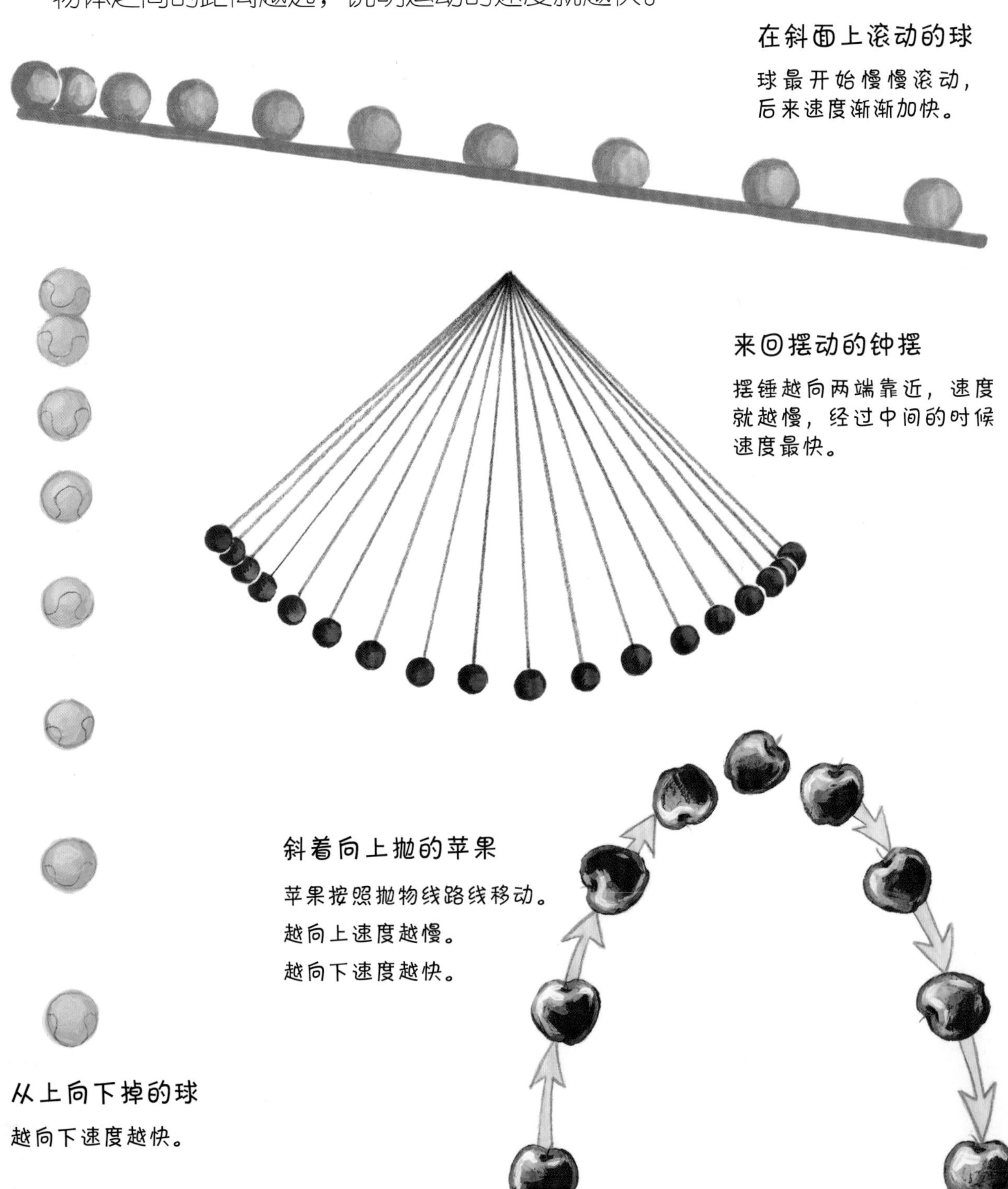

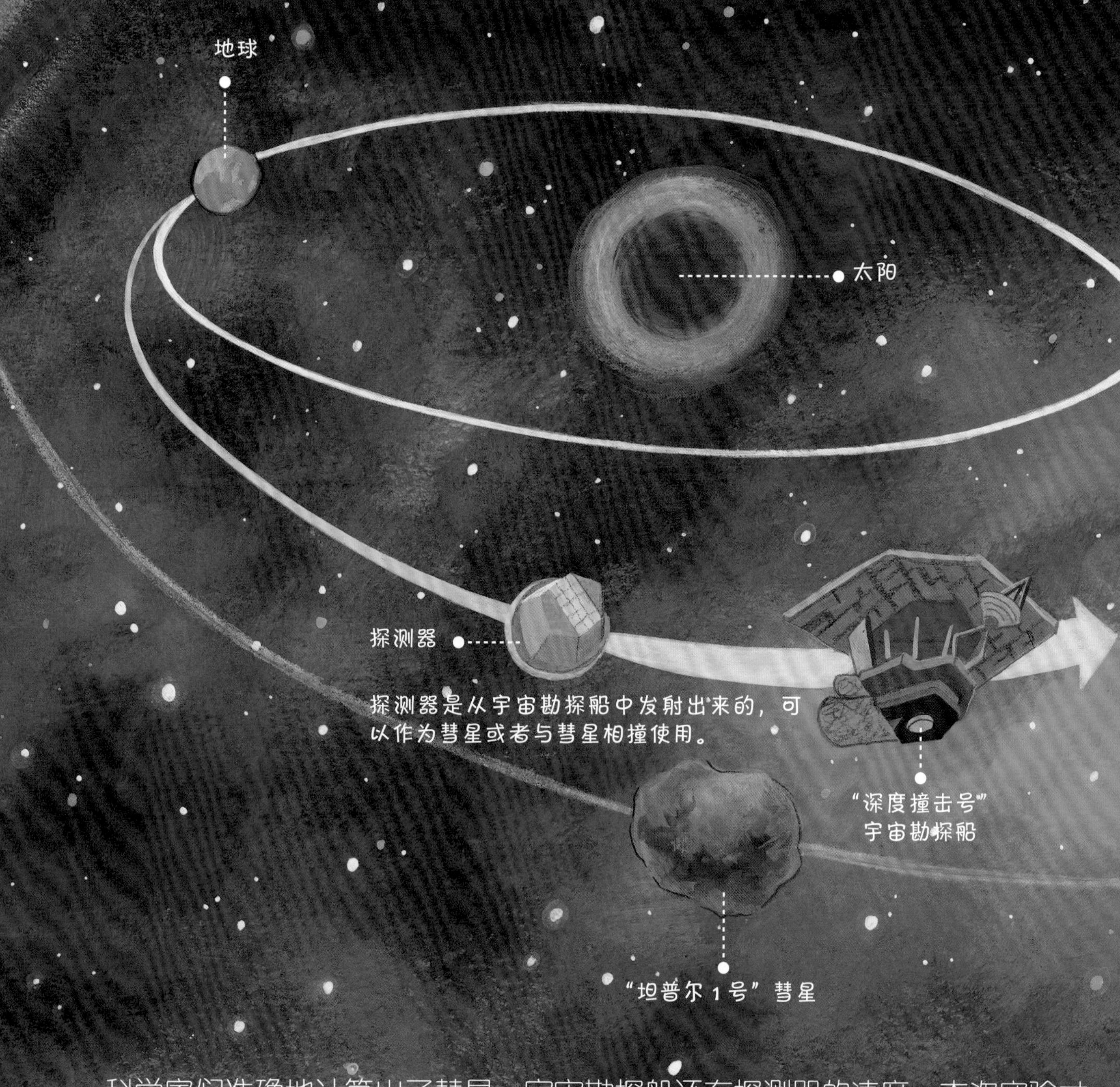

科学家们准确地计算出了彗星、宇宙勘探船还有探测器的速度，本次实验才得以成功。

这次实验开辟了彗星和小行星的轨道可以通过人类的力量进行改变的道路。

如果有巨大的彗星撞向地球，地球将面临灭亡的危险。

但是如果像这次实验一样，发射一个大的探测器撞击彗星，就可以改变彗星原有的运行方向。

科学家们能够准确地计算出彗星的速度、探测器的速度、彗星和探测器的距离，真的非常令人敬佩。

大海里面游得最快的生物是什么呢？
是旗鱼。
旗鱼的背鳍非常大，看上去就像是帆船的帆一样。
头部又长又尖，身体表面也非常光滑，特别适合游泳。

游泳的时候会故意将背鳍和尾鳍露出水面。

旗鱼的最快游泳速度是时速 110 千米。

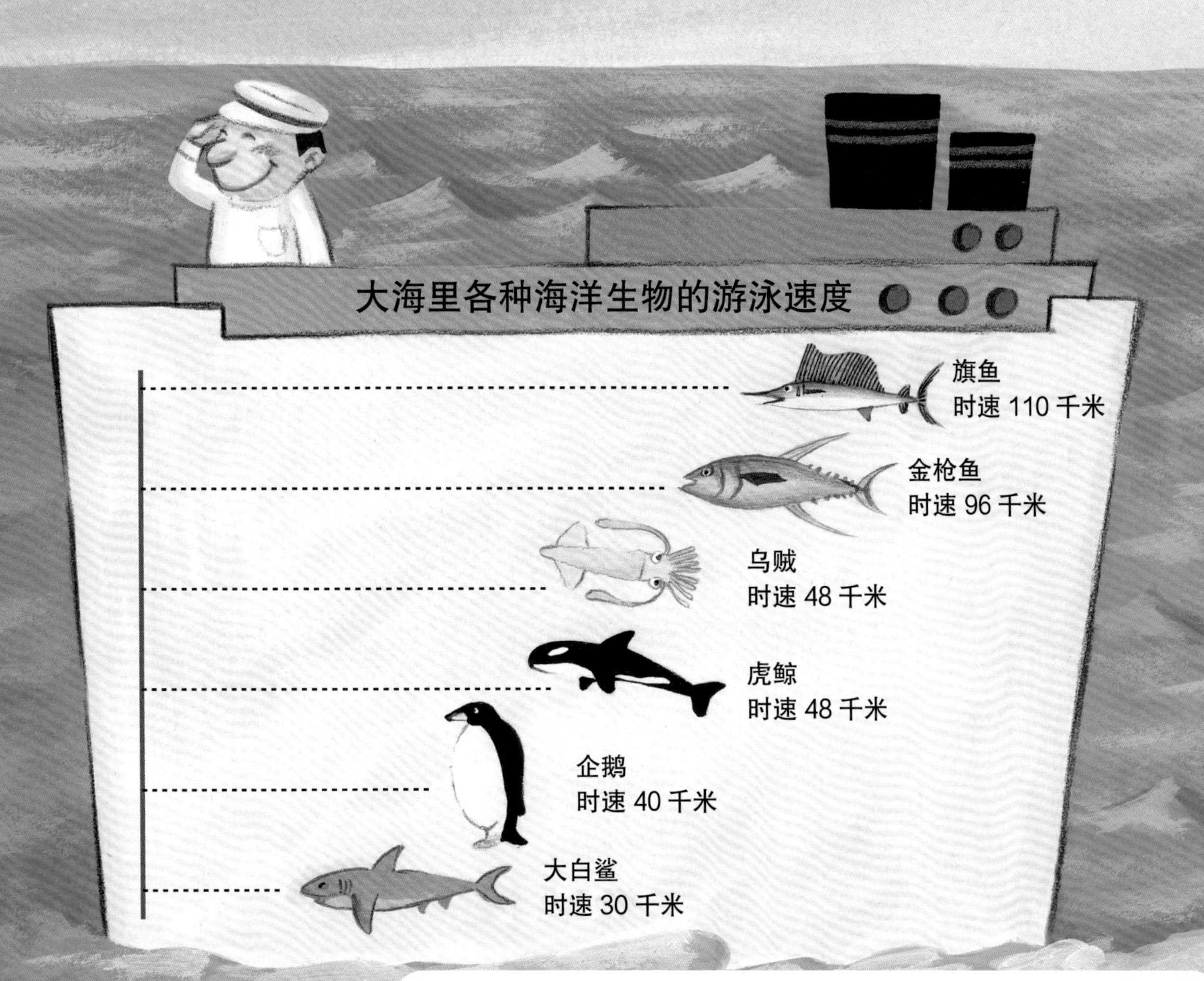

在海洋生物中游泳速度最快的是旗鱼，游泳的时候时速可达 110 千米。

1168

世界上跑得最快的人可以达到什么样的速度呢？
世界上跑得最快的人应该是田径运动员吧？
到目前为止，最新的跑步世界纪录是每秒 10 米左右，
时速是 36 千米左右。
人类的速度和动物比起来并不是很快。
但是，人类可以比任何动物移动得都快。
这是因为人类可以使用汽车或飞机等交通工具。

世界上跑得最快的人的时速为 36 千米左右。

人类使用的交通工具的速度有多快呢？

一般地铁的时速是 80 千米，快速火车的时速是 120 千米，高铁的时速是 300 千米，客机的时速是 700 千米左右。

战斗机

高铁

飞机的速度也可以使用叫做“马赫”的单位。

马赫是以声音的速度为基准而确定的。

人类制造的交通工具当中，只有飞机的速度比声音传播的速度快。

声音的传播速度是每秒 340 千米，

时速可达到 1224 千米。

马赫 2.0 指的是比声音的传播速度快 2 倍。

有一部分战斗机的速度可以达到马赫 3.0。

飞机飞过之后才能听到飞机发出的声音，

这是因为飞机的飞行速度比声音的传播速度还要快。

人类制造的飞机中，有一部分的速度比声音的传播速度还快。声音的传播速度是时速 1224 千米。

火箭和宇宙飞船的速度能达到多少呢?
火箭和宇宙飞船的速度能够摆脱地球的重力。
这种速度叫做脱离速度。
地球的脱离速度是每秒 11 千米。
1 秒能够移动 11 千米,
1 小时就可以移动近 4 万千米。
速度很快对吧?

但是，就算再快也赶不上光的速度。

光是世界上传播速度最快的。光的速度为每秒 30 万千米。

如果用这个速度移动，在眨眼间（1 秒）就能够环绕地球 7 圈半。

世界上光的速度最快。光一秒钟可以环绕地球 7 圈半。

小贤今天学习到了很多关于速度的知识。

小贤一家也到达了公园。

“爸爸，既然到公园来了，我们就通过滑旱冰感受一下速度吧！”

“当然可以。在这之前还要知道一件事儿才行。

速度快的话不能马上停下来。想要停下的话，需要一定的时间。”

“对，如果跑得很快，想要停下来就需要很长时间。”

“所以一定要戴一些护具才行啊。”

“知道啦，一定会戴好护具，在安全的地方滑旱冰的。”

小贤想起了以前玩轮滑的时候。

“速度越快就要越小心才行啊！”

速度越快，停下来所需要的时间就越长，所以玩速度很快的游乐设施时要更加小心。

通过实验与观察了解更多

挑战三种比赛项目

试着挑战一下跑步、倒着走、向前走这三种比赛项目。

倒着走和向前走的时候，两只脚中必须有一只脚要与地面接触。

使用秒表进行计时，比较一下哪种比赛的速度更快。

实验材料　秒表、坐标纸、书写工具、尺子

实验方法

1. 在学校的操场或者公园里进行跑步、倒着走、向前走三种比赛，并记录下运动的时间。
2. 三种运动的距离要相同。使用秒表计时。
3. 将移动的距离和时间在坐标纸上画成图表。
4. 速度最快的比赛项目是哪个呢?

实验结果

用时最长的比赛是倒着走，用时最短的比赛是跑步。

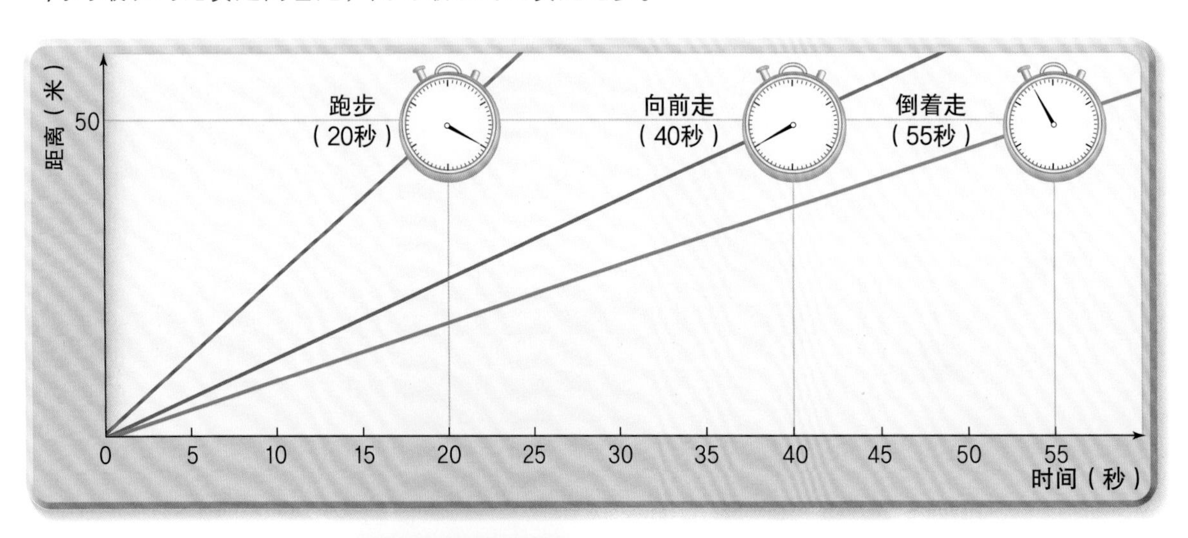

为什么会这样呢?

移动的距离相同，所使用的时间越短，速度就越快。所以按速度快慢排序就是跑步—向前走—倒着走。画图表的时候，竖线表示运动的距离，横线表示所使用的时间，中间画的线则表示速度。表示速度的线越向左侧倾斜，速度就越快。

试着了解物体的速度和安全知识

旱冰、自行车、滑板等都是移动的运动设施。

做这些运动的时候速度都很快。

但是如果速度很快的话，想要停下来就需要用很长的时间，也需要很长的滑行距离。

想了解运动设施的速度和完全停下来所需要的距离吗？

实验材料　可以移动的运动设施、护具、秒表、卷尺、书写工具。

实验方法

1. 用旱冰鞋和滑板走同样长的距离。
   请在类似学校操场等安全又平坦的地方进行实验。
2. 记录下所用时间。旱冰鞋和滑板哪种速度最快？
3. 在经过中间某一地点的时候刹车。
4. 记录停下来所需的距离。
5. 换一种速度，同样记录停下来所需的距离。

为什么会这样呢？

运动设施的速度越快，停下来就越困难，停下来所用的时间就越长，踩刹车后滑出去的距离也越长。用很快的速度奔跑想要停下来，要怎么做呢？要在距离到达地点很远的地方就开始减速。

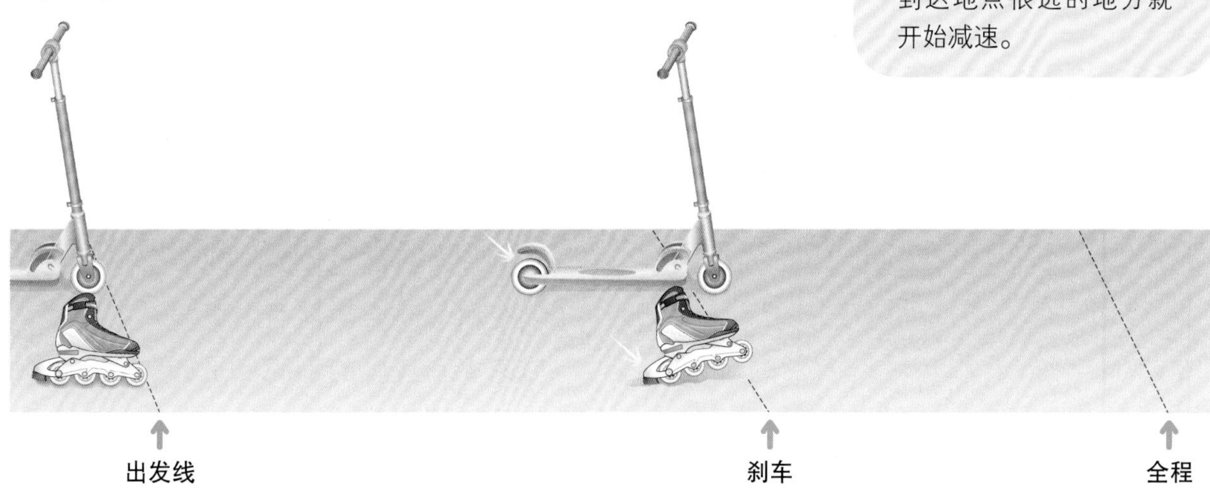

运动设施	全程	全程用时	停下来所需距离	快慢（速度）
旱冰鞋（快速）	50 米	15 秒	5 米	最快
旱冰鞋（慢速）	50 米	18 秒	3 米	第三快
滑板（快速）	50 米	17 秒	4 米	第二快
滑板（慢速）	50 米	19 秒	2 米	最慢

我还想知道更多

问题 静止站在地球表面，我的运动速度是多少呢？

我静止地站着，并不是没有移动。地球一天自转一圈，一年绕着太阳公转一圈，所以我也和地球一起在不断地运动着。

地球周长约 4 万千米，人站在地球表面上一天移动的距离也约为 4 万千米。人的运动速度是时速 1667 千米，1 秒移动约 463 米。移动得很快对吧?

地球绕着太阳公转一圈的距离是约 9400 万千米，我和地球一起绕着太阳的运动速度是平均秒速 29.8 千米。这真的很快。

虽然移动得这么快，为什么我感觉上就像是静止的呢? 这是因为从很久以前开始我就在和地球一起运动，所以感受不到速度。就像乘坐火车或者飞机的时候，如果不看窗外，感觉上就像是没有移动一样。

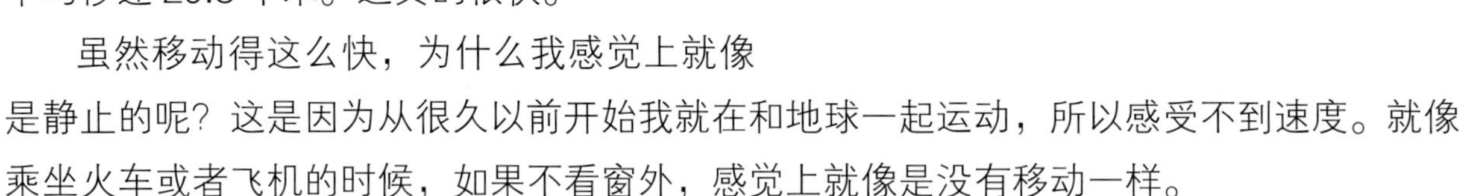

问题 速率和速度有什么不同？

在日常生活中速率和速度不做区分，有时候也作为相同的用语。但是在科学研究中这两个概念是不同的。速率和速度的不同点是方向。速率只是指快慢，速度则是指：向着什么方向、多快地移动。

例如，一辆时速 60 千米的速度向北行驶的汽车和一辆以相同速率向南行驶的汽车，两辆车的速率虽然相同，但是速度是不一样的。这是因为它们的方向不一样。

问题 坐在行驶的汽车中看以同样速度并排行驶的汽车，汽车看上去就像是静止的一样，这是为什么呢？

这是因为物体的移动是相对的。物体移动的时候，它的移动距离根据参照物的不同而不同。在行驶的汽车里看别的汽车，是以自己的车为参照物。参照物移动的时候对方的移动看上去就会不同。这也是在行驶的汽车内看路旁的林荫树，林荫树像是向后走的原因。

在行驶的汽车中看着并排行驶的汽车，以自己为参照物，对方的移动距离是 0，所以看上去像是静止的。以自己为参照物看相反方向行驶的汽车，在相同时间内对方的移动距离则是自己实际距离的两倍，所以看上去速度有两倍那么快。

科学话题

看上去是摩托车，但却是速度最快的汽车

到目前为止制造出来的汽车当中，速度最快的是什么车呢？是叫做“战斧”的汽车。“战斧”虽然有四个轮子，但是看上去就像摩托车一样。这辆汽车的最高时速是 676 千米。想不到是多快吧？和爸爸妈妈一起坐汽车在高速路上行驶的最高时速是 100 ~ 110 千米，“战斧”的速度是高速路车速的 6 倍。知道有多快了吧！

人们为了制造出速度最快的汽车互相竞争，不断地制造着新的汽车。有人在汽车上装上火箭，但是在路上行驶的汽车无法装着火箭行驶。以后也会有速度更快的汽车继续被制造出来，因为拥有最快的速度是很多人的梦想。

这个一定要知道！

阅读题目，给正确的选项打√。

1 物体移动的快慢叫做什么？

□重量
□体力
□温度
□速度

2 在 1 分钟内进行走路比赛，走得最快的是谁？

□走了 150 米的小民
□走了 180 米的小兵
□走了 190 米的小讯

3 什么单位表示的是 1 个小时内所移动的距离？

□秒速
□分速
□时速
□马赫

4 在陆地上，什么动物跑得最快？

□猎豹
□军舰
□旗鱼
□人类

1. 速度 / 2. 走了 190 米的小讯 / 3. 时速 / 4. 猎豹

科学原理早知道 力与能量

力与能量

《啪！掉下来了》
《嗖！太快了》
《游乐场动起来》
《被吸住了！》
《工具是个大力士》
《神奇的光》

物质世界

《溶液颜色变化的秘密》
《混合物的秘密》
《世界上最小的颗粒》
《物体会变身》
《氧气，全是因为你呀》

我们的身体

《宝宝的诞生》
《结实的骨骼与肌肉》
《心脏，怦怦怦》
《食物的旅行》
《我们身体的总指挥——大脑》

自然与环境

《留住这片森林》
《清新空气快回来》
《守护清清河流》
《有机食品真好吃》

推荐人 朴承载教授（首尔大学荣誉教授，教育与人力资源开发部科学教育审议委员）
作为本书推荐人的朴承载教授，是韩国科学教育界的泰斗级人物，他创立了韩国科学教育学院，任职韩国科学教育组织联合会会长，还担任韩国科学文化基金会主席研究委员、国际物理教育委员会（IUPAP-ICPE）委员、科学文化教育研究所所长等职务，是韩国儿童科学教育界的领军人物。

推荐人 大卫·汉克（Dr.David E.Hanke）教授（英国剑桥大学教授）
大卫·汉克教授作为本书推荐人，在国际上被公认为是分子生物学领域的权威，并且是将生物、化学等基础科学提升至一个全新水平的科学家。近期积极参与了多个科学教育项目，如科学人才培养计划《科学进校园》等，并提出《科学原理早知道》的理论框架。

编审 李元根博士（剑桥大学 理学博士，韩国科学传播研究所所长）
李元根博士将科学与社会文化艺术相结合，开创了新型科学教育的先河。
参加过《好奇心天国》《李文世的科学园》《卡卡的奇妙科学世界》《电视科学频道》等节目的摄制活动，并在科技专栏连载过《李元根的科学咖啡馆》等文章。成立了首个科学剧团并参与了“LG科学馆”以及“首尔科学馆”的驻场演出。此外，还以儿童及一线教师为对象开展了“用魔法玩转科学实验”的教育活动。

文字 李美京
在首尔教育大学毕业后，现担任首尔一新小学的一线教师。致力于儿童科学教育，积极参与小学教师联合组织“小学科学守护者”，并在小学教师科学实验培训、科学中心学校等机构担任讲师，为了让孩子们能够学到有趣的科学知识与科学实验而不断地探索中。

插图 金贤静
在成均馆大学美术教育专业毕业后，成了一名插画家，代表作品有《胡桃夹子》《聪明的儿子》《美女与野兽》等。

北京市版权局著作权合同版权登记号：01-2022-3282

图书在版编目（CIP）数据

嗖！太快了 / (韩) 李美京文；(韩) 金贤静绘；高绿路译. —北京：化学工业出版社，2022.6
（科学原理早知道）
ISBN 978-7-122-41003-0

Ⅰ. ①嗖… Ⅱ. ①李… ②金… ③高… Ⅲ. ①速度—儿童读物 ②速率—儿童读物 Ⅳ. ①O311.1-49 ②O781-49

中国版本图书馆CIP数据核字（2022）第047992号

责任编辑：张素芳
文字编辑：昝景岩
责任校对：王　静
封面设计：刘丽华
装帧设计：溢思视觉设计 / 程超

出版发行：化学工业出版社
（北京市东城区青年湖南街13号　邮政编码100011）
印　　装：北京华联印刷有限公司
889mm×1194mm　1/16　印张2¼　字数50千字
2023年3月北京第1版第1次印刷

购书咨询：010－64518888
售后服务：010－64518899
网　　址：http://www.cip.com.cn
凡购买本书，如有缺损质量问题，本社销售中心负责调换。

定　　价：25.00元